electric rice cooker

electric rice cooker

這一餐

一鍋就搞定

邱寶鈅◎著

邀你一起創造電鍋菜的無限可能！

電鍋可以幫您輕鬆作料理，讓你擁有青春美麗與精湛的廚藝，更能享受家庭溫暖與親子樂趣！

這次要感謝我們的總編——麗玲建議我寫這本電鍋菜食譜，她告訴我，每次下班後就趕著回家作飯，為了讓孩子盡快吃晚餐，所以會使用兩個電鍋作菜，以縮短烹調時間，廚房也不會油煙瀰漫，但卻常為菜色苦惱。我覺得利用電鍋作菜是個好主意，可以為忙碌的媽媽、小姐省去作菜的麻煩，又不需為整理廚房而精疲力盡，所以便著手設計電鍋菜食譜。

一般電鍋的用途是用來炊飯及蒸、燉食物，所作出來的菜色也就較偏暗沉，為了考慮食物的色相，我開始著手研究如何讓綠色的食材能在加熱後不變黃，以免因為食物的不美觀影響食欲，因此我設計了一道道有綠色蔬菜的食譜，每天坐在電鍋前，仔細記錄以水量，控制它的烹調時間，一次又一次地試驗，不僅要注意蔬菜顏色的變化，更要吃吃看味道是怎麼樣，最後終於掌控每一道菜恰到好處的用水量，作出一道道顏色翠綠、口感香脆的好料理。

烹調綠色的蔬菜時，只要在電鍋的外鍋加入量杯刻度「2」的水就足夠，待開關一跳起就要馬上取出，蔬菜的顏色仍然是翠綠色的，而且能保住食物天然的鮮美風味，若是沒有馬上取出，綠色食材就會變黃，不僅口感較差也會讓美味減分；如果是不易變顏色及需要長時間烹煮的食物，就需要一杯的水量，而且開關跳起不要馬上取出，讓它燜一下，作出來的菜餚口感會更好。

現代很多人不會煮飯作菜，不敢進廚房又怕油煙，對於火候的掌控更是沒轍，害怕不是沒煮熟就是燒焦，更怕作出來的菜沒有人願意來品嘗，所以越來越沒信心，又加上外食非常方便，所以就越來越不想進廚房，但為了健康著想，應盡量減少外食，多在家用餐是非常重要的，現代人都應該要有這樣的養生觀念才對。所以，請你務必從下一餐開始試試電鍋菜，一起來享受家庭相聚以餐的樂趣與溫暖！

作者介紹
邱寶鈅

學歷
國立空中大學社會科學系畢、國立空中大學生活科學系畢

經歷
行政院勞委會中餐烹調乙級、丙級考核及格

當選優秀大專青年楷模（94.3）

榮獲第一屆客家美食展全國社團組第三名（94.8）

曾任中華素食技能發展協會副理事長、現任本會祕書長

曾任國立空中大學推廣教育新竹中心中華料理指導老師

曾任農委會創意米食DIY指導老師

曾任竹南在地人社區大學素食烹調指導老師

曾任霧峰農會、竹南農會、竹南社區媽媽教室素食指導老師

曾任苗栗總工會簡餐點心飲料、經營訓練班講師

國際有機、素食美食展現場素食美食展覽（95年7月台中世貿、台北世貿11月二館）

著作
《e世代中餐素食乙級專業書》、《e世代中餐素食乙級輔導考照》

《e世代中餐素食丙級輔導考照》、《自己動手醃蘿蔔》

《家常養生健康素》(合著)、《來呷飯》、《百變健康素——豆腐》

《創意素食月子餐》

目 錄

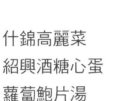
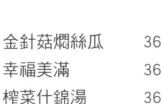

為何要用電鍋來作菜？

電鍋似乎是每一家庭中最基本的烹飪用具，最大用途就是炊飯，但它其實也可以蒸、煮、燉、熬，因為電鍋料理不會產生油煙，而且加熱均勻，烹調迅速，也能保留食材的原汁與原味，食物營養不流失，很符合忙碌又講究養生和健康取向的現代人的需求。

不管你有多忙，只要按下開關，就可放心的一心多用，忙於其他的家事。電鍋的便利性及料理單純性不僅是單身族減少外食的好幫手，更是一般家庭開伙的最佳工具。

電鍋，只能用來「煮飯」嗎？

電鍋不僅可以煮出香噴噴的白米飯，還可以拿來烹調咖哩飯、水餃、炒菜、燉湯等料理。只要放對外鍋的水量，就算沒有瓦斯爐，也可以用電鍋作出一道道簡單又美味的料理。電鍋料理真的很簡單，只要把材料切成適當大小，放入調味料，外鍋加入適量的水，按下開關就行了。因為電鍋是以隔水加熱的方式炊煮食物，也就是利用蒸氣包圍食物，讓熱力均勻分布滲透，所以要加多少水就是烹煮的一大訣竅。

電鍋可以炒菜嗎？

可以啊！就類似於用瓦斯爐炒菜，內鍋、外鍋都可以用來炒菜，作法是在內鍋放入適量的油，再按下開關，就可以炒菜。但是，如果以外鍋炒菜，因為會沾到油，清洗上會比較麻煩喔！如果你沒把握把外鍋洗得很乾淨，那建議你試試其他烹煮方法。

外鍋黑黑的污垢怎麼洗呢？

用電鍋來作料理得要保持電鍋的乾淨。電鍋用久了之後，外鍋會殘留黑黑的污垢，如果不洗乾淨，不僅不衛生，也會增加電鍋蒸熟食物的時間。在清潔好之前，一定要先拔下插頭。洗電鍋時千萬不要把整個鍋拿到水龍頭下直接沖洗，尤其是鍋體連接電線之處，否則會漏電的危險。外鍋體只要以濕布擦拭就行了，如果想快速清潔電鍋汙垢，可在外鍋內加入水，浸泡一段時間，之後只要以海棉輕輕刷洗，就可以把汙垢洗乾淨。

比較重要的是，在每一次使用之後，就立即將鍋內鍋外擦拭一下，隨手擦就隨時乾淨喔！

初學者如何使用電鍋？

初學者要先作哪道菜成功率較高呢？

其實只要依照本食譜的作法，都可以很容易作出美味的料理。

若你是完全沒經驗的初學者，可以先從最簡單的湯類作起，作法一點都不難，只要把食材洗、切後加水，放入電鍋中，蓋上鍋蓋，按下開關，便可放心去忙別的事情，等到開關跳起，取出調味就行。

其次就是從耐煮不易變色的菜餚著手，此類菜餚只要把食材洗、切後加水，調味後移入電鍋，按下開關，烹煮者一樣可以放心去作其他的事，待電鍋開關跳起，不用馬上取出，讓它稍燜一下，如花瓜麵筋、香椿蒸蛋、樹子豆皮、南瓜鑲紅棗、蔭豉鮑魚菇、福菜筍乾、素肉燥、什錦高麗菜、瓢瓜燜素牛蒡、涼拌綠竹筍、雙梅報春、涼拌馬鈴薯、樹子蒸苦瓜、滷什錦、薑絲鳳梨木耳、蜜汁牛蒡。

再則挑戰烹調時間較短又容易變黃的蔬菜類，如：紹興糖心蛋、銀杏青花、什錦荷蘭豆、什錦美人腿、干貝絲蒸娃娃菜、金針菇燜絲瓜、小黃瓜素

火腿、清蒸茄子、什錦西洋芹、綠野仙蹤、蒟蒻花椰菜,烹煮此類菜餚時就要注意囉!把食材洗、切後,加水,調味後移入電鍋,按下開關,烹煮者可要提高注意力,開關一跳起要馬上掀蓋取出,否則就無法作出青翠、可口的佳餚。

如果你已漸入佳境,建議挑戰初級的手工菜,過程會比較複雜一些,除了切、調味外,還需要作些造型,如:清蒸高麗菜捲、幸福美滿、琵琶豆腐、醬扒冬瓜夾、山藥鑲豆腐、蒸鑲大黃瓜;接著試試中級手工菜,除了手工造型,有些要重複動作及小技巧,如年年慶豐收、穿金戴銀;若你仍興致高昂,不妨挑戰高級手工菜,如素魚排、素香腸、千層素干貝,這幾道菜料理難度較高,所以特別提供分解圖作為參考。

電鍋菜,既無油煙又營養,只要事先作好食材準備,就能作出一桌好料,現在就動手吧!期許大家都能輕鬆上手,作出美味可口的佳餚。

年年慶豐收。

◀ **材料**
冬瓜600克、素羊肉300克、筍乾300克、素干貝絲1罐、調理漿300克、太白粉30克

調味料
八角3粒、薑3片、香菇素蠔油150克

銀杏青花。

◀ **材料**
綠色花椰菜300克、銀杏50克、胡蘿蔔30克、黑木耳30克

調味料
食用油1小匙、鹽1小匙、熱開水半杯

柴把湯。

◀ **材料**
竹筍50克、酸菜仁50克（約1片）、胡蘿蔔50克、香菇2朵、素火腿50克、芹菜1棵、瓢干100公分

調味料
鹽1小匙、香油少許、胡椒粉少許

▶ 年年慶豐收

作法

1. 冬瓜去皮洗乾淨、晾乾，以香菇素蠔油醃約一個晚上。
2. 筍乾泡水約一個晚上，泡軟後以清水搓揉洗淨三遍，去除酸水，筍乾切段備用。
3. 素羊肉撕成絲，素干貝絲與調理漿一起攪拌均勻，備用。
4. 取醃過的冬瓜，在冬瓜內層抹上少許太白粉後，依序疊上已攪拌均勻的素干貝絲與調理漿、素羊肉絲，再抹上少許太白粉，最後再疊上筍乾段，就製作完成了，最後放入電鍋的內鍋中。
5. 將醃過冬瓜的香菇素蠔油加入適量水、八角、薑，攪拌均勻放入電鍋內鍋中，醬汁需蓋過食材。
6. 外鍋放入2杯水，再將內鍋置入，蓋上鍋蓋，按下開關，待跳起30分鐘後才能打開鍋蓋，起鍋盛盤。

主廚小叮嚀

1. 醬汁要蓋過食材才會熟透。
2. 冬瓜一般會用頭、尾，但是口感較硬，所以冬瓜要買大一些，對半切，取對半呈凹狀部位製作（另一半可製作其他料理），如此才會好吃又美觀。

▶ 銀杏青花

作法

1. 綠色花椰菜、切成小朵；胡蘿蔔去皮切片、黑木耳切片備用。
2. 食用油1小匙、鹽1小匙、熱開水半杯先拌勻，再與綠色花椰菜、胡蘿蔔、黑木耳一起攪拌均勻，置入盤中。
3. 外鍋放入量杯兩格的刻度的熱水，再將調味好的綠色花椰菜、胡蘿蔔、黑木耳放入內鍋，蓋上鍋蓋，按下開關，待跳起後取出。

主廚小叮嚀

一般綠色青菜不適合長時間烹煮，使用電鍋烹煮時要懂得善用熱開水烹調，開關跳起後馬上打開鍋蓋取出，如此青菜才不會變黃。

▶ 柴把湯

作法

1. 竹筍、酸菜仁、胡蘿蔔、香菇、素火腿切條（相同的條數）；芹菜切段，備用。
2. 取竹筍、酸菜仁、胡蘿蔔、香菇、素火腿等，以瓢干綁好，作成柴把。
3. 電鍋的內鍋放入適量熱開水，再放入柴把，外鍋放入1杯熱水，蓋上鍋蓋，按下開關，待跳起後打開鍋蓋，取出，放入芹菜，調味即可。

主廚小叮嚀

酸菜仁不要浸泡，酸菜香味才能留在湯汁中。取出後再調味較不易過鹹或太淡，至於香油、胡椒粉依個人喜好斟酌。

花瓜麵筋。

◀ 材料
花瓜罐頭1罐、麵筋150克
調味料
糖1小匙、香椿1小匙、香油
少許、胡椒粉少許

什錦荷蘭豆。

◀ 材料
荷蘭豆100克、胡蘿蔔30
克、鮮香菇2朵、素火腿30
克、玉米筍2條
調味料
糖1小匙、鹽1小匙、食用油
少許

冬瓜燉紅棗湯。

◀ 材料
冬瓜300克、素羊肉100
克、當歸1片、紅棗6粒、薑
2片、腰果少許
調味料
鹽1小匙

▶ 花瓜麵筋

作法

1. 以熱開水泡軟麵筋,瀝乾水分。
2. 將麵筋、整罐花瓜(連湯汁)倒入內鍋中,再放入糖、香椿、香油、胡椒粉一起攪拌均勻。
3. 放入適量熱開水,需蓋過食材,電鍋外鍋放入1杯熱水,蓋上鍋蓋,按下開關,待跳起後打開鍋蓋,取出食用。

主廚小叮嚀

麵筋需先以熱開水泡軟才可烹調,因為麵筋很輕會上浮,上浮的麵筋不易熟軟,所以麵筋要先泡軟才可烹調,且烹調時水要蓋過食材。

▶ 什錦荷蘭豆

作法

1. 荷蘭豆去老梗;胡蘿蔔去皮、鮮香菇、素火腿、玉米筍等切片。
2. 糖、鹽、食用油少許,以量杯兩格刻度的熱水拌均勻後,再與荷蘭豆、胡蘿蔔、鮮香菇、素火腿、玉米筍等攪拌均勻,以盤子盛裝。
3. 外鍋放入量杯兩格刻度的熱水,再將調味好的荷蘭豆、胡蘿蔔去皮、鮮香菇、素火腿、玉米筍等入鍋,蓋上鍋蓋,按下開關,待跳起後取出食用。

主廚小叮嚀

食用時先再攪拌一下,如此味道才易均勻又入味。

▶ 冬瓜燉紅棗湯

作法

1. 冬瓜去皮洗乾淨切塊,與素羊肉、當歸、紅棗、薑等放入內鍋,再放入適量熱開水,開水需蓋過食材。
2. 外鍋放入1杯水,蓋上鍋蓋,按下開關,待跳起後取出調味,即可食用。

主廚小叮嚀

冬瓜切塊口感較佳,切片容易熟但口感不佳。

香椿蒸蛋。

◀ **材料**
雞蛋2個、香椿醬5克、香菇
1朵
調味料
鹽1小匙、胡椒粉1小匙、醬
油2小匙、熱開水2杯

什錦美人腿。

◀ **材料**
筊白筍2支、黑木耳30克、
胡蘿蔔30克、甜豆10根、
玉米筍2根
調味料
鹽1小匙、胡椒粉1/2小匙、
熱開水半杯

脆筍梅干菜湯。

◀ **材料**
脆筍片50克、梅干菜20克、
玫瑰螺肉50克、薑2片
調味料
鹽1小匙、胡椒粉1/2小匙

▶ 香椿蒸蛋

作法

1. 在電鍋外鍋放入半杯水。

2. 雞蛋去殼放入蒸碗中,放入香椿醬、鹽、醬油、胡椒粉一起攪拌,至蛋液與調味料混合均勻後,加入熱開水再次攪拌均勻,整碗放入電鍋中蒸。

3. 蓋上鍋蓋,按下開關,待跳起後即可食用。

主廚小叮嚀

蛋液只要攪拌均勻即可,若打太久,蒸好的蛋會有很多氣孔,較硬且不滑潤。

▶ 什錦美人腿

作法

1. 在電鍋的外鍋放入量杯刻度兩格的水。

2. 甜豆去老梗,筊白筍、黑木耳、胡蘿蔔、玉米筍洗淨,切塊。

3. 鹽、胡椒粉、熱開水半杯,攪拌均勻後倒入甜豆、筊白筍、黑木耳、胡蘿蔔、玉米筍,拌均勻後倒入盤中,放入電鍋中。

4. 蓋上鍋蓋,按下開關,待跳起後即可食用。

主廚小叮嚀

先以較大的碗或以深鍋把甜豆、筊白筍、黑木耳、胡蘿蔔、玉米筍拌均勻後,再倒入盤中,或直接以較大的碗,或以深鍋來烹調,熟了再換盤子亦可。

▶ 脆筍梅干菜湯

作法

1. 在電鍋的外鍋中放入1杯水。

2. 脆筍片、梅干菜洗淨,以鹽水泡10分鐘,梅干菜切碎。

3. 將脆筍片、梅干菜、玫瑰螺肉、薑放入電鍋的內鍋,再放入適量熱開水。

4. 放入電鍋中,蓋上鍋蓋,按下開關,待跳起後打開鍋蓋,即可食用。

主廚小叮嚀

脆筍片、梅干菜洗淨,以鹽水泡10分鐘,利用滲透壓原理將食材的鹹在短時間內稀釋。

高麗菜又叫「甘藍」，中醫學認為，高麗菜味甘，性平、無毒，能填髓腦，利五臟，調六腑。又能補骨髓，利五臟六腑，利關節，通經絡中結氣，明耳目，健人，少睡，益心力，壯筋骨，是強身壯體、健腦益智、延緩衰老的佳品。

高麗菜有綠色，有紫色，可生食，可熟食，也可打成蔬菜汁，更棒的是它熱量低，食用時容易具有飽足感，所以是瘦身者的好食材，但要注意的是，為了留住高麗菜營養記住一定要熱鍋快炒不過火。

清蒸高麗菜捲

樹子豆皮

大黃瓜素丸湯

清蒸高麗菜捲。

◀ **材料**
高麗菜3片、素火腿2片、香菇2朵、胡蘿蔔30克、薑2片
調味料
鹽1小匙、胡椒粉1/2小匙

樹子豆皮。

◀ **材料**
樹子30克、豆皮2塊、九層塔少許、薑2片
調味料
醬油1小匙、胡椒粉1/2小匙

大黃瓜素丸湯。

◀ **材料**
大黃瓜1/2條、素香菇丸5粒、芹菜少許
調味料
鹽1小匙、胡椒粉1/2小匙

▶ 清蒸高麗菜捲

作法

1. 在電鍋的外鍋中放入半杯水。
2. 高麗菜片先以熱水汆燙，讓高麗菜軟化。
3. 素火腿、香菇、胡蘿蔔、薑等切絲，與胡椒粉拌勻。
4. 取一片高麗菜鋪平，放上素火腿、香菇、胡蘿蔔絲包捲起來，排在盤裡，其餘也同樣包捲好，置於盤中，最後放上薑絲。
5. 放入電鍋中，蓋上鍋蓋，按下開關，待跳起即可食用。

主廚小叮嚀

高麗菜片以開水燙軟，才能包捲起來，包捲的方式可參考P.70的步驟說明。

▶ 樹子豆皮

作法

1. 在電鍋的外鍋中放入半杯水。
2. 九層塔去老梗，豆皮切丁與樹子、薑、醬油、胡椒粉一起拌均勻後，倒入盤中，放入電鍋內鍋中。
3. 放入電鍋中，蓋上鍋蓋，按下開關，待跳起後打開鍋蓋，即可食用。

主廚小叮嚀

一般市場販售整塊狀樹子較鹹，所以可購買玻璃罐裝的樹子味道較不鹹；此道菜餚食用時要小心樹子堅硬的種子，亦可先把樹子的硬籽去除，但是口感較不甘美。

▶ 大黃瓜素丸湯

作法

1. 在電鍋的外鍋中放入半杯水。
2. 大黃瓜洗淨，去皮、去籽、切塊，芹菜洗淨，切珠；與素香菇丸放入電鍋內鍋中，放入適量熱開水。
3. 蓋上鍋蓋，按下開關，待跳起後打開鍋蓋，加入芹菜珠，調味後即可食用。

主廚小叮嚀

大黃瓜很容易煮熟，開關跳起立即打開鍋蓋，如此才不容易變黃，湯煮熟後再調味口感會較佳。

干貝絲蒸娃娃菜。

◀ 材料
干貝絲1罐、娃娃菜1盒（4
至5棵）、芹菜1棵
調味料
鹽1小匙、胡椒粉1/2小匙、
乳瑪琳1/2小匙

薑片鳳梨木耳。

◀ 材料
鳳梨1罐、乾黑木耳30克、
嫩薑30克、辣椒1條
調味料
鹽1小匙、糖2小匙、白醋2
小匙

蔭瓜草菇湯。

◀ 材料
蔭瓜1罐、草菇150克、薑
30克、九層塔少許
調味料
胡椒粉1/2小匙

▶干貝絲蒸娃娃菜

作法

1. 在電鍋的外鍋中放入半杯水。
2. 鹽、胡椒粉、乳瑪琳加入半杯熱開水調勻。
3. 芹菜洗淨、切絲備用。
4. 娃娃菜洗淨、排盤，調入鹽、胡椒粉、乳瑪琳熱水，再撒入干貝絲，置入內鍋，再放入電鍋中，蓋上鍋蓋，按下開關，待跳起後打開鍋蓋，加入芹菜絲，再蓋上鍋蓋燜一下後即可取出。

主廚小叮嚀

芹菜絲最後再放入才不會變黃。

▶薑片鳳梨木耳

作法

1. 在電鍋的外鍋中放入半杯水。
2. 乾黑木耳泡軟，與鳳梨、嫩薑、辣椒切片與鹽、糖、白醋一起拌均勻後置入內鍋。
3. 將食材放入電鍋中，蓋上鍋蓋，按下開關，待跳起後打開鍋蓋，即可取出。

主廚小叮嚀

乾黑木耳泡軟後烹調口感較脆，亦可用濕黑木耳但口感較不脆；鳳梨罐頭烹調味道較穩定，鳳梨罐頭連湯汁也要一起入菜，如此口感更佳。

▶蔭瓜草菇湯

作法

1. 在電鍋的外鍋中放入1杯水。
2. 九層塔去老梗，草菇去除根部，洗淨，薑切片備用。
3. 蔭瓜湯汁也要一起入菜，與草菇、薑片移入電鍋內鍋中，放入適量熱開水，蓋上鍋蓋，按下開關，待跳起後打開鍋蓋，加入九層塔、胡椒粉調味，蓋上鍋蓋燜一下，即可取出食用。

主廚小叮嚀

蔭瓜湯汁也要一起入菜，味道很棒，但有的蔭瓜很鹹，所以要情況酌量才不會過鹹；九層塔要最後放才不會變黃。

南瓜鑲紅棗。

◀ 材料
南瓜200克、紅棗4粒、薑2
片、太白粉少許
調味料
鹽1小匙、冰糖1小匙

蔭豉鮑魚菇。

◀ 材料
蔭豉1大匙、鮑魚菇2大片、
薑2片、辣椒半條
調味料
鹽1小匙、冰糖1小匙

醬鳳梨杏鮑菇湯。

◀ 材料
醬鳳梨1大匙、杏鮑菇2大
條、薑2片、燉素羊肉50克

▶ 南瓜鑲紅棗

作法

1. 在外鍋放入1杯水。
2. 紅棗去籽，南瓜去籽切塊，南瓜中央挖洞，在洞孔抹上少許太白粉，鑲入紅棗。
3. 鹽、冰糖先以熱開水溶解後，淋上南瓜鑲紅棗，加入薑片，移入電鍋中蓋上鍋蓋，按下開關，待跳起後即可取出。

主廚小叮嚀

此道佳餚亦可不用製作鑲，直接切塊與紅棗烹調；此道佳餚亦可只加冰糖作成甜味。

▶ 蔭豉鮑魚菇

作法

1. 在電鍋的外鍋中放入半杯水。
2. 鮑魚菇先以少許鹽醃再切片，再將薑、辣椒切片。
3. 鮑魚菇、薑、辣椒、加入蔭豉、冰糖拌均勻，移入電鍋內鍋中，蓋上鍋蓋，按下開關，直到跳起即可取出。

主廚小叮嚀

先嘗嘗看蔭豉，若是甘甜就不用加冰糖。

▶ 醬鳳梨杏鮑菇湯

作法

1. 在電鍋外鍋中放入1杯水。
2. 杏鮑菇切塊與醬鳳梨、薑、燉素羊肉放入內鍋中，再加入適量熱開水，蓋上鍋蓋，按下開關，待跳起後即可取出。

主廚小叮嚀

醬鳳梨本身就有鹹、甜，風味極佳，可不必再調味。

這一道以電鍋作成的素肉燥一樣具有小火慢燉的美味，作起來卻輕鬆多了，只要先把材料準備就行了。記得一次多作一點，可以用來拌飯、拌麵、拌菜，還可以和親朋好友分享。

素肉燥

豆腐羹

福菜筍乾。

◀ **材料**
福菜1葉片、筍乾300克
調味料
鹽1小匙、冰糖1小匙、食用
植物油1大匙

素肉燥。

◀ **材料**
素碎肉丁100克、素羊肉
100克、乾香菇5朵
調味料
香菇素蠔油1大匙、冰糖1小
匙、食用植物油1大匙、醬
油1大匙、香椿嫩芽1小匙、
胡椒粉1小匙、五香粉1/2小
匙

豆腐羹。

◀ **材料**
豆腐1塊、香菇2朵、木耳30
克、胡蘿蔔30克、金針菇30
克、酸菜仁30克、素火腿30
克、香菜1棵、太白粉30克
調味料
鹽1小匙、糖1小匙、香油1
大匙、烏醋1大匙、香椿嫩
芽1小匙、胡椒粉1/2小匙、
五香粉1/2小匙

▶福菜筍乾

作法

1. 筍乾洗淨用水泡一夜，把水倒掉，以手輕輕搓揉擰乾水分去除苦水，再放清水以手輕輕搓揉，擰乾水分去除苦水，同樣動作清洗三次，切段；福菜以鹽水浸泡10分鐘後撈起，擰乾水分，切碎；所有材料放入電鍋的內鍋中，再放入冰糖、食用植物油及適量的熱開水，水量一定要蓋過食材，再移入電鍋中。
2. 電鍋的外鍋中放入1杯水，蓋上鍋蓋，按下開關，待跳起後打開鍋蓋取出。

主廚小叮嚀

筍乾苦水要去除，油要多一些才不會苦澀。光是滷筍乾就很好吃，福菜可依個人喜好添加。

▶素肉燥

作法

1. 在電鍋的外鍋中放入1杯水。
2. 素碎肉丁泡軟，擰乾水分；素羊肉切碎、乾香菇泡軟切碎。
3. 鹽、冰糖、食用植物油、醬油、香椿嫩芽、胡椒粉、五香粉與素碎肉丁、素羊肉、乾香菇置入內鍋中一起拌勻，加入適量熱開水，一定要蓋過食材，再移入電鍋中，蓋上鍋蓋，按下開關，待跳起後即可取出。

主廚小叮嚀

電鍋製作素肉燥不會油膩，量可作多些。無論拌飯、拌麵、拌青菜皆宜。

▶豆腐羹

作法

1. 在電鍋的外鍋中放入1杯水。
2. 豆腐切條、香菇泡軟切絲、木耳、胡蘿蔔、金針菇、酸菜仁、素火腿等切絲置入內鍋中，加入適量熱開水，一定要蓋過食材，再移入電鍋中。
3. 蓋上鍋蓋，按下開關，待跳起後打開鍋蓋，加入香菜末，加入鹽、糖、香椿嫩芽、胡椒粉、五香粉調味，再加太白粉勾芡，蓋上鍋蓋燜一下，即可取出，最後放烏醋、滴香油。

主廚小叮嚀

烏醋不適合烹煮所以要等起鍋後才加入，否則烏醋香味會跑掉，而且口感變苦澀。

紹興酒是中國的傳統釀造酒，又稱為老酒，有著濃郁的小麥與糯米的香氣，因溫和醇厚，味不嗆，因此成為料理時的常用酒，在一般的超市或便利商店都可以買到。

這一道紹興酒糖心蛋選用的是有機蛋，而製作出來的糖心蛋黃處於半熟狀態，吃起來口感滑潤，好入口，還有淡淡酒香，相信連不愛吃蛋黃的朋友也一定會喜歡。

紹興酒糖心蛋

蘿蔔包片湯

什錦高麗菜

什錦高麗菜。

◀ 材料
高麗菜300克、香菇5朵、
胡蘿蔔30克、素火腿30克
調味料
鹽1小匙、食用植物油1大匙

紹興酒糖心蛋。

◀ 材料
有機雞蛋5至6粒
調味料
香菇素蠔油1大匙、紹興酒
半瓶

蘿蔔鮑片湯。

◀ 材料
蘿蔔100克、鮑魚菇2大片、
番茄半個、素羊肉100克、薑
少許、芹菜珠少許、酸菜片
適量
調味料
鹽1小匙、胡椒粉1/2小匙

▶ 什錦高麗菜

作法

1. 在電鍋的外鍋中放入半杯水。
2. 將鹽、油置入內鍋加入半碗熱開水調勻，讓鹽溶解，再倒入與高麗菜、香菇、胡蘿蔔、素火腿拌均勻，移入電鍋中。
3. 蓋上鍋蓋，按下開關，待跳起後打開鍋蓋。

主廚小叮嚀

高麗菜若口感要脆，電鍋外鍋水份放少一點；若要軟則水放多一點。

▶ 紹興酒糖心蛋

作法

1. 取廚房紙巾一張沾濕，鋪在電鍋的外鍋裡，將有機雞蛋擺入，按下開關，當開關跳起，馬上取出浸泡冷水，待涼剝殼。
2. 將香菇素蠔油與紹興酒拌勻，放入剝殼的雞蛋，浸泡4小時。

主廚小叮嚀

煮好的有機雞蛋若不想剝殼，當電鍋開關跳起後就直接浸泡紹興酒，紹興酒一定要蓋過雞蛋，且要放入冰箱冷藏一天一夜才能入味；若沒有放入冰箱冷藏冰鎮，蛋黃會過熟老掉，無法作糖心。糖心蛋的詳細製作方式可參考P.72的步驟說明。

▶ 蘿蔔鮑片湯

作法

1. 在電鍋的外鍋中放入1杯水。
2. 將蘿蔔、鮑魚菇、番茄半個、薑切片，與素羊肉、鹽置入內鍋中，再加適量熱開水，移入電鍋中，蓋上鍋蓋，按下開關，待跳起後打開鍋蓋，撒上芹菜珠、胡椒粉。

主廚小叮嚀

電鍋料理湯品以熱開水烹調口感較佳。

金針菇燜絲瓜。

◀ 材料
金針菇100克、絲瓜1條、
薑絲少許
調味料
鹽1小匙

幸福美滿。

◀ 材料
杏鮑菇2條、豆腐1塊、素羊
肉50克、荸薺50克、胡蘿
蔔末少許、太白粉少許
調味料
鹽1小匙、胡椒粉1小匙

榨菜什錦湯。

◀ 材料
榨菜1個、木耳30克、胡蘿
蔔30克、金針菇30克、素火
腿30克、薑絲少許
調味料
鹽1小匙、胡椒粉1小匙

▶ 金針菇燜絲瓜

作法

1. 在電鍋外鍋放入半杯水。
2. 絲瓜切塊與金針菇、薑絲加入鹽一起拌勻，以內鍋盛裝，蓋上保鮮膜，移入電鍋中，蓋上鍋蓋，按下開關，待跳起後打開鍋蓋。

主廚小叮嚀

絲瓜蓋上保鮮膜放入電鍋料裡，較能保持食材本身的天然鮮美。

▶ 幸福美滿

作法

1. 在電鍋外鍋中放入1杯水。
2. 杏鮑菇切段，挖中空，豆腐搗泥，素羊肉、荸薺切末；與鹽、胡椒粉一起拌勻作成餡料。
3. 取挖中空杏鮑菇在裡面抹少許太白粉後，再把餡料填滿，胡蘿蔔貼在最上面，以淺盤盛裝，置入內鍋後移入電鍋中，蓋上鍋蓋，按下開關，待跳起後打開鍋蓋。

主廚小叮嚀

挖中空杏鮑菇在裡面抹少許太白粉後，再把餡料填滿，蒸熟後餡料才不會脫落。

▶ 榨菜什錦湯

作法

1. 在電鍋的外鍋中放入1杯水。
2. 榨菜、木耳、胡蘿蔔、金針菇、素火腿、薑切絲，以電鍋內鍋盛裝，加入適量熱開水，移入電鍋中，蓋上鍋蓋，按下開關，待跳起後打開鍋蓋，再以鹽、胡椒粉調味。

主廚小叮嚀

不要買已切絲的榨菜，質地較老。

瓢瓜燜素牛蒡羊。

◀ **材料**
瓢瓜1個、素牛蒡羊50克、
鮮香菇30克
調味料
鹽1小匙、胡椒粉1小匙、油
少許

琵琶豆腐。

◀ **材料**
豆腐2塊、香菇1朵、荸薺
50克、太白粉少許
調味料
鹽1小匙、胡椒粉1小匙、油
少許

美味菱角仁湯。

◀ **材料**
菱角仁100克、竹笙30克、
素羊肉50克、紅棗30克、當
歸1片、薑2片
調味料
鹽1小匙

▶ 瓢瓜燜素牛蒡羊

作法

1. 在電鍋的外鍋中放入半杯水。
2. 瓢瓜、鮮香菇切絲，瓢瓜絲先用鹽醃一下，再與鮮香菇、素牛蒡羊、胡椒粉一起拌勻，以電鍋內鍋盛裝，移入電鍋中，蓋上鍋蓋，按下開關，待開關跳起後取出。

主廚小叮嚀

瓢瓜絲先用鹽醃一下，再入鍋料理口感較佳且硬，不易變黃。

▶ 琵琶豆腐

作法

1. 在電鍋外鍋中放入1杯水。
2. 豆腐搗泥，荸薺切末與鹽、胡椒粉、太白粉少許一起拌勻，作為餡料；香菇切細絲備用。
3. 取湯匙作模型，在湯匙內抹上少許油，再把餡料填滿湯匙，輕輕壓緊，擺上香菇細絲作成琵琶形狀，置於蒸盤內再移入電鍋中，蓋上鍋蓋，按下開關，直到開關跳起即可取出食用。

主廚小叮嚀

在湯匙內以保鮮膜或鋁箔紙墊著再抹上少許油，再把餡料填滿湯匙，蒸熟後較易取出。

▶ 美味菱角仁湯

作法

1. 在外鍋放1杯水。
2. 菱角仁、竹笙、素羊肉、紅棗、當歸、薑放入內鍋中，再加入適量熱開水，移入電鍋中，蓋上鍋蓋，按下開關，待跳起後打開鍋蓋，再加鹽調味。

主廚小叮嚀

此道料理可加少許米酒，味道會更佳。

蘿蔔俗稱菜頭，營養豐富，有「小人參」的稱號，而富含的維生素C是蘋果和梨的八至十倍，且蘿蔔因不含草酸，是人體鈣的最佳來源。

另蘿蔔還富含糖化酶、木質素、澱粉酶、粗纖維和維生素C，不但可抗癌，還可預防動脈硬化、貧血、食欲不振，促進消化，治腸胃脹氣病及清熱降火，炎炎夏日來碗蘿蔔湯保證可以清腸解熱喔！

台灣的氣候適合竹筍生長，所以品嘗竹筍並不是一件難事，而春、夏是竹筍盛產的季節，滋味清甜的綠竹筍，較無一般竹筍帶有的苦澀味，深受一般人歡迎。

竹筍含大量的粗纖維，可以刺激腸胃蠕動、幫助消化，容易有飽足感；且因低卡多吃也不易發胖。此外竹筍還含有多量蛋白質、糖類、磷、鐵、鈣、維生素，可說是營養價值頗高的食材喔！

菜頭素丸湯

素魚排

涼拌綠竹筍

涼拌綠竹筍。

◀ **材料**
綠竹筍2支、彩虹巧克力1小
匙
調味料
無蛋沙拉醬1包

素魚排。

◀ **材料**
豆包2塊、紫菜皮1張、半圓
皮1張、素火腿2片、沙拉綠
竹筍1支、酸菜仁1片、薑絲
少許、辣椒絲少許
調味料
鹽1小匙、糖1小匙、醬油1
小匙、烏醋1小匙、胡椒粉1
小匙、香油1小匙、麵粉少
許

菜頭素丸湯。

◀ **材料**
白蘿蔔1棵、素香菇貢丸5
個、芹菜珠少許
調味料
鹽1小匙、胡椒粉少許

▶ 涼拌綠竹筍

作法

1. 在電鍋外鍋放入1杯水。
2. 綠竹筍洗淨，連外皮一起放入內鍋中，加水蓋過綠竹筍，移入電鍋中，蓋上鍋蓋，按下開關，待跳起後打開鍋蓋取出，泡水待涼，剝去外殼，切滾刀塊，盛盤。
3. 淋上無蛋沙拉醬，撒上彩虹巧克力。

主廚小叮嚀

煮熟的竹筍放入冰箱冷藏，風味更佳，但冷藏時不必去外皮，食用時才去皮，最後再淋上無蛋沙拉醬，撒上彩虹巧克力。

▶ 素魚排

作法

1. 在電鍋外鍋放入1杯水。
2. 以鹽、糖、醬油、烏醋、胡椒粉、香油醃豆包半小時，讓豆包入味。
3. 麵粉加入適量水調成麵糊；素火腿、沙拉綠竹筍、酸菜仁切絲。
4. 紫菜皮鋪平，放上豆包，再把豆包摺疊張開，放入素火腿、沙拉綠竹筍、酸菜仁絲，包成長方形，作成素魚排。
5. 取半圓皮鋪平塗上麵糊，將素魚排包裹緊密，放置盤中再放入薑絲、辣椒絲，移入電鍋中，蓋上鍋蓋，按下開關，待跳起後打開鍋蓋取出。

主廚小叮嚀

醃豆包所剩的醬汁亦可一起入鍋。

▶ 菜頭素丸湯

作法

1. 在電鍋的外鍋中放入1杯水。
2. 白蘿蔔洗淨去皮，切塊與素香菇貢丸放入內鍋，加入適量熱水，再移入電鍋中，蓋上鍋蓋，按下開關，待跳起後打開鍋蓋，調味後放入芹菜珠。

主廚小叮嚀

起鍋後再調味的湯汁較能保住食材本身自然的原味。

芋頭含有鈣、磷、富含鐵、礦物質及胡蘿蔔素、硫胺素、核黃素、尼克酸、維生素C等多種維生素。長期食用，可防牙齒的退化，減少肺炎、下痢、腳氣病及腸炎等病，且芋頭可蒸、煮，可甜、可鹹，是一種變化度極大的美味食材。

冬瓜最顯著特點是體積大、水分多、熱量低，可炒食、作湯、生醃，也可請製成冬瓜條。中醫認為：冬瓜味甘而性寒，有利尿消腫、清熱解毒、清胃降火及消炎之功效，對於動脈硬化、高血壓、水腫腹脹等疾病，有良好的治療作用。經常食用冬瓜，能去掉人體內過剩的脂肪，由於冬瓜含糖量較低，也適宜於糖尿病人「充飢」。在炎熱的夏季，如中暑煩渴，食用冬瓜療效頗佳。

三絲筍片捲

芋頭什錦湯

醬扒冬瓜夾

三絲筍片捲。

◀ 材料
沙拉綠竹筍1支、酸菜仁1
片、素火腿2片、香菇2朵、
芹菜絲少許、薑絲少許、辣
椒絲少許、太白粉少許
調味料
鹽1小匙、油1小匙

醬扒冬瓜夾。

◀ 材料
冬瓜200克、沙拉綠竹筍1
支、素火腿2片、香菇2朵、
薑1小塊、太白粉少許
調味料
辣豆瓣1大匙、香菇素蠔油1
大匙

芋頭什錦湯。

◀ 材料
芋頭1個、脆筍片30克、香
菇約4朵、紅棗約4粒、洋菇
約4朵、香菜少許
調味料
鹽1小匙 、胡椒粉1/2小匙

▶ 三絲筍片捲

作法

1. 在電鍋外鍋放入1杯水。
2. 沙拉綠竹筍切薄片；酸菜仁、素火腿、香菇切絲。
3. 取綠竹筍片鋪平放入酸菜仁、素火腿、香菇切絲擺好，包捲成圓桶形，封口處抹上少許太白粉，排入盤中，擺入芹菜絲、薑絲、辣椒絲，再放鹽、油調味，移入電鍋中，蓋上鍋蓋，按下開關，待跳起後打開鍋蓋取出。

主廚小叮嚀

封口處抹上少許乾太白粉，綠竹筍片包捲成圓桶型時才不會「開口笑」，綠竹筍捲中放入少許油口感會較佳。

▶ 醬扒冬瓜夾

作法

1. 在電鍋的外鍋中放入半杯水。
2. 冬瓜切一刀不斷一刀斷作成夾子，沙拉綠竹筍、素火腿、香菇、薑切成片。
3. 冬瓜在沒有切斷的地方打開抹上少許太白粉，然後竹筍、素火腿、香菇各取一片塞入冬瓜夾內，放入瓷盤中，薑片放在冬瓜夾上。
4. 辣豆瓣、香菇素蠔油、太白粉少許一起拌勻倒入冬瓜夾上，移入電鍋中，蓋上鍋蓋，按下開關，待跳起後打開鍋蓋取出。

主廚小叮嚀

冬瓜夾直接放入瓷盤中，蒸好之後直接上菜時用，不另外換盤。

▶ 芋頭什錦湯

作法

1. 在電鍋的外鍋中放入1杯水。
2. 芋頭去皮，洗淨，切塊；與脆筍片、香菇、紅棗、草菇、洋菇一起放入內鍋中，加入適量熱水，移入電鍋中，蓋上鍋蓋，按下開關，待跳起後打開鍋蓋，放入鹽、胡椒粉調味，最後放入香菜。

主廚小叮嚀

芋頭去皮、切割時，可戴上手套避免手部皮膚過敏奇癢難受。

每年五月起是桂竹筍的盛產季，它的季節不長，大約僅有一至一個半月。通常我們買到的桂竹筍，大多是剝好皮、煮過處理好的，只有在山區有農民自售時，才會買到未剝皮的。如果是沒有剝皮的桂竹筍，幾乎無法判別老或嫩，得等到剝開下鍋後才見分明，因此建議你，買處理過的桂竹筍，烹調時較為方便。

雙梅報春

酸菜筍片湯

白玉佛手。

◀ 材料
大白菜4片、調理漿80克、
豆腐1塊、荸薺50克、香菇
3朵、胡蘿蔔50克、芹菜50
克、太白粉少許
調味料
鹽1小匙 、胡椒粉1/2小匙

雙梅報春。

◀ 材料
梅干菜1片、桂竹筍2支、薑
3片、話梅乾3粒、辣椒適量
調味料
糖1小匙 、鹽1/2小匙、胡
椒粉1/2小匙、油1大匙

酸菜筍片湯。

◀ 材料
酸菜2片、脆筍片30克、
白蘿蔔1/4條、素鰻魚4至6
塊、薑3片、枸杞、川芎
調味料
鹽1小匙 、胡椒粉1/2小匙

▶ 白玉佛手

作法

1. 在電鍋外鍋放入1杯水。
2. 豆腐搗成泥；荸薺、香菇、胡蘿蔔、芹菜切碎與調理漿、鹽、胡椒粉一起拌勻，作成餡料。
3. 大白菜燙軟，以大白菜將餡料包捲成圓桶狀，封口處抹上太白粉，作成長圓型捲後，以剪刀剪4刀但不切斷，在缺口處抹上少許太白粉，稍微整形成拳頭狀，排入盤中再移入電鍋內，蓋上鍋蓋，按下開關，待跳起後打開鍋蓋取出。

主廚小叮嚀

大白菜將餡料包捲成圓桶狀以剪刀剪4刀但不斷，在缺口處抹上少許太白粉，餡料才不會爆出。

▶ 雙梅報春

作法

1. 在電鍋的外鍋中放入1杯水。
2. 梅干菜以鹽水泡軟，洗淨，切碎；桂竹筍洗淨、切滾刀；與薑、話梅乾、油一起放入內鍋拌勻，加入適量熱開水，要蓋過食物，移入電鍋中，蓋上鍋蓋，按下開關，待跳起後取出。
3. 倒入瓷盤即可食用。

主廚小叮嚀

梅干菜如果泡太久香味容易消失，因此利用滲透壓原理，以鹽水泡可縮短時間。

▶ 酸菜筍片湯

作法

1. 在電鍋的外鍋中放入1杯水。
2. 白蘿蔔去皮、切塊，酸菜切片；與脆筍片、白蘿蔔、素鰻魚、薑一起放入內鍋，加入適量熱開水，要蓋過食物，移入電鍋中，蓋上鍋蓋，按下開關，待跳起後打開鍋蓋取出，調味即可。

主廚小叮嚀

酸菜切片刀子要平放45度角切入，酸菜口感較脆，酸菜纖維才不會老硬。

山藥又稱淮山，俗名是薯蕷，主要食用部位是地下塊莖，有圓形、掌狀、紡錘狀、長形及塊狀等，一般以長形山藥的最具滋補作用，其中以肉質白、質地細且無纖維者為上品。具有「益腎氣、健脾胃、止泄痢、化痰涎、潤皮毛。」之效用。

山藥外皮含植物鹼，處理時最好戴上手套，或處理前先以鹽水洗手。削皮時會有黏液，建議在水龍頭的細水下邊削邊沖水。買回的山藥也不要急著放冰箱，只要整支未切，就可以放在陰涼通風處，保存期限可達三個月之久。

甘蔗筍湯

山藥鑲豆腐

小黃瓜素火腿

小黃瓜素火腿。

◀ **材料**
小黃瓜2條、素火腿2片、玉米筍3條、香菇2朵、辣椒片適量
調味料
鹽1小匙、胡椒粉1/2小匙、油1小匙

山藥鑲豆腐。

◀ **材料**
山藥150克、豆腐1塊、荸薺50克、香菇3朵、胡蘿蔔50克、芹菜50克、太白粉少許
調味料
鹽1小匙、胡椒粉1/2小匙

甘蔗筍湯。

◀ **材料**
甘蔗筍1包、鮮味雞1隻、薑2片、紅棗少許

▶ 小黃瓜素火腿

作法

1. 取1張廚房紙巾，沾濕後放入電鍋的外鍋中。
2. 小黃瓜、素火腿、玉米筍、香菇切條，加入鹽、胡椒粉、油拌勻，以盤子盛裝，移入電鍋，蓋上鍋蓋，按下開關，待跳起後打開鍋蓋取出。

主廚小叮嚀

廚房紙巾沾濕放入電鍋的外鍋可縮短烹煮時間，開關很快就會跳起，待開關一跳起立即打開鍋蓋取出，否則小黃瓜會變黃。

▶ 山藥鑲豆腐

作法

1. 在電鍋的外鍋中放入1杯水。
2. 豆腐、荸薺、香菇、胡蘿蔔、芹菜切碎，加入鹽、胡椒粉調味，拌勻，作成餡料。
3. 山藥去皮後切成4至5段，以模型器壓造型，中心挖空，在洞中抹上少許太白粉，加入餡料，以手輕輕壓緊，置於盤中再移入電鍋中，蓋上鍋蓋，按下開關，待跳起後打開鍋蓋取出。

主廚小叮嚀

山藥與芋頭同樣有過敏原，所以去皮時要戴手套。

▶ 甘蔗筍湯

作法

1. 在電鍋的外鍋中放入1杯水。
2. 鮮味雞切塊，與甘蔗筍連湯汁、薑、枸杞一起放入內鍋，加入適量熱開水，要蓋過食物，移入電鍋中，蓋上鍋蓋，按下開關，待跳起後打開鍋蓋取出。

主廚小叮嚀

一般市售的甘蔗筍都是已調好味道的，所以不用再調味了。

涼拌馬鈴薯泥。

◀ **材料**
馬鈴薯1個、蘋果1/4個、香瓜1/4個、鳳梨1片、玉米粒1大匙、葡萄乾1大匙
調味料
沙拉醬1包

穿金戴銀。

◀ **材料**
金針80克、豆腐1塊、素干貝絲1罐、荸薺50克、香菇3朵、胡蘿蔔50克、荷蘭豆50克
調味料
鹽1小匙、胡椒粉1/2小匙、油1小匙

菜心脆丸湯。

◀ **材料**
菜心1棵、脆丸80克、香菜2棵
調味料
鹽1小匙、胡椒粉1/2小匙

▶ 涼拌馬鈴薯泥

作法

1. 在電鍋外鍋放入1杯水。

2. 馬鈴薯洗淨，連皮一起移入電鍋中，蓋上鍋蓋，按下開關直到開關跳起，打開鍋蓋取出，待涼後去皮壓成泥。

3. 蘋果、香瓜、鳳梨切丁與玉米粒、葡萄乾、沙拉醬一起加入馬鈴薯泥拌勻即可。

主廚小叮嚀

馬鈴薯蒸熟後要等到涼透才可以壓成泥，否則會出水。

▶ 穿金戴銀

作法

1. 在電鍋的外鍋中放入1杯水。

2. 荸薺、香菇、胡蘿蔔切碎，豆腐搗成泥，將所有材料與素干貝絲一起調味拌勻，作成餡料。

3. 金針泡軟；取扣碗，在碗底抹上少許油，碗中央擺一朵香菇，隨著周邊依順序排上金針、荷蘭豆，再把餡料填滿，輕輕以手壓緊，移入電鍋中，蓋上鍋蓋，按下開關待開關跳起，打開鍋蓋取出。

主廚小叮嚀

記得先留一朵香菇排放在扣碗中間；取扣碗，在碗底抹上少許油，倒扣時就不易黏住扣碗。

▶ 菜心脆丸湯

作法

1. 在電鍋的外鍋中放入1杯水。

2. 菜心去皮、洗淨、切塊，與脆丸放入內鍋中，加入熱開水，水量要蓋過食物。

3. 移入電鍋中，蓋上鍋蓋，按下開關直到開關跳起，打開鍋蓋取出，調味後放入香菜。

主廚小叮嚀

菜心含水量高，所以水量只要蓋過食物即可，可保持菜心的自然鮮美。

清蒸茄子。

◀ 材料
茄子2條、三色豆30克
調味料
香菇素蠔油1大匙、薑汁1小
匙、胡椒粉1/2小匙、香油1
小匙

蒸鑲大黃瓜。

◀ 材料
大黃瓜1條、豆腐2塊、荸薺
50克、香菇3朵、胡蘿蔔50
克、芹菜1棵、太白粉少許
調味料
鹽1小匙、胡椒粉1/2小匙

養生牛蒡湯。

◀ 材料
牛蒡1支、腰果50克、紅棗8
個、蓮子30克、素羊肉50克
調味料
鹽1小匙

▶清蒸茄子

作法

1. 在電鍋的外鍋中放入半杯水。
2. 茄子洗淨,切滾刀塊與三色豆拌勻,放入內鍋中,加入半碗熱開水,滴少許油入鍋;移入電鍋中,蓋上鍋蓋,按下開關直到開關跳起,打開鍋蓋取出茄子,泡冷開水,待涼切段排盤。
3. 香菇素蠔油、薑汁、胡椒粉、香油先調拌均勻作好醬汁,淋在茄子上。

主廚小叮嚀

三色豆與茄子亦可分別以碗裝,蒸熟後淋上醬汁再撒三色豆,作出來的菜色較為秀麗可餐。

▶蒸鑲大黃瓜

作法

1. 在電鍋的外鍋中放入1杯水。
2. 豆腐壓成泥,荸薺、香菇、胡蘿蔔、芹菜切碎,加入鹽、胡椒粉一起拌勻,作成餡料。
3. 大黃瓜去皮後,先切成數段,再去除裡面的籽,洗淨;在內圈抹上少許太白粉,然後塞入餡料,以手輕輕壓緊,放在蒸盤上再移入電鍋中,蓋上鍋蓋,按下開關直到開關跳起,打開鍋蓋取出。

主廚小叮嚀

在大黃瓜內圈抹上少許太白粉,然後塞入餡料,以手輕輕壓緊,蒸熟後內餡才不會脫落。

▶養生牛蒡湯

作法

1. 在電鍋外鍋放入1杯水。
2. 牛蒡去皮、切滾刀塊,與腰果、紅棗、蓮子、素羊肉一起放入內鍋,加入適量熱開水,移入電鍋中,蓋上鍋蓋,按下開關直到開關跳起,打開鍋蓋取出,以鹽調味。

主廚小叮嚀

牛蒡去皮後以白醋水清洗較不容易因氧化而變黑。

什錦西洋芹。

◀ **材料**
西洋芹1/8棵、香菇2朵、素
蜜汁茶鵝50克、胡蘿蔔50
克、沙拉筍50克
調味料
鹽1小匙、油1小匙

素香腸。

◀ **材料**
麵腸3條、半圓皮1張、麵粉
100克、碎荸薺適量
調味料
紅麴半杯、糖2大匙、五香
粉1小匙、肉桂粉1小匙

豆腐味噌湯。

◀ **材料**
豆腐1塊、海帶結80克、薑3
片、九層塔少許
調味料
味噌1大匙、糖1小匙

▶什錦西洋芹

作法

1. 在電鍋的外鍋中放入半杯水。
2. 西洋芹去皮，與香菇、素蜜汁茶鵝、胡蘿蔔、沙拉筍切條，加入鹽、油調味拌勻，以瓷盤盛裝，移入電鍋中，蓋上鍋蓋，按下開關直到開關跳起，打開鍋蓋取出。

主廚小叮嚀

將西洋芹老皮去除乾淨，吃起來口感較佳。

▶素香腸

作法

1. 在電鍋的外鍋中放入1杯水。
2. 麵腸以手剝皮成片，與紅麴、糖、五香粉、肉桂粉、碎荸薺、麵粉一起攪拌均勻，作素香腸餡料。
3. 取半圓皮鋪平，將素香腸餡料擺入，包捲成桶狀，放在蒸盤上再移入電鍋中，蓋上鍋蓋，按下開關，直到開關跳起，打開鍋蓋取出，待涼就可以切片、排盤。

主廚小叮嚀

製作素香腸時可添加肉桂粉提高香度，但量不宜太多否則會苦；素香腸蒸好要待涼再切。素香腸的製作方式可參考P.73的步驟說明。

▶豆腐味噌湯

作法

1. 在電鍋的外鍋中放入半杯水。
2. 味噌、糖以適量熱開水調均勻，再加入豆腐（切成數小塊），與海帶結、薑一起放入內鍋中，移入電鍋中，蓋上鍋蓋，按下開關直到開關跳起，打開鍋蓋取出，放入九層塔再回蒸一下即可。

主廚小叮嚀

味噌加糖以適量熱開水調均勻，再入鍋烹調。有的味噌較鹹，烹調前可先試一下味道。

綠野仙蹤。

◀ **材料**
綠蘆筍1把、蒟蒻脆腸100
克、薑絲少許、辣椒絲少許
調味料
鹽1小匙、糖1小匙

樹子蒸苦瓜。

◀ **材料**
樹子50克、苦瓜1條

竹笙酸菜片湯。

◀ **材料**
竹笙3至4支、酸菜2片、素
火腿2片、素羊肉30克、薑2
片
調味料
鹽1小匙、胡椒粉1/2匙

▶ 綠野仙蹤

作法

1. 在電鍋的外鍋中放入量杯刻度2的水。
2. 綠蘆筍切3公分段，將綠蘆筍穿入蒟蒻脆腸裡，穿好排盤，放入鹽、糖、薑絲、辣椒絲，拌均後移入電鍋中，蓋上鍋蓋，按下開關直到開關跳起，打開鍋蓋取出。

主廚小叮嚀

蒟蒻脆腸若購買不易，也可改用素竹輪或竹笙來穿綠蘆筍。

▶ 樹子蒸苦瓜

作法

1. 在電鍋的外鍋中放入1杯水。
2. 苦瓜洗淨與樹子一起放入內鍋，移入電鍋中，蓋上鍋蓋，按下開關直到開關跳起，打開鍋蓋取出。

主廚小叮嚀

玻璃罐裝的樹子比較甘甜，樹子罐頭已經有調味，所以不必再調味；苦瓜洗淨直接烹調，另有一番風味。若不習慣亦可去籽，切塊料理，可依個人喜好處理。

▶ 竹笙酸菜片湯

作法

1. 在電鍋外鍋放入1杯水。
2. 竹笙洗淨、切段，與酸菜、素火腿、素羊肉、薑一起放入內鍋，加入適量的水，移入電鍋中，蓋上鍋蓋，按下開關直到開關跳起，打開鍋蓋取出，以鹽、胡椒粉調味。

主廚小叮嚀

竹笙外觀看起來好像很好看，其實裡面很髒，所以清洗時要特別以心。

蒟蒻花椰菜。

材料
紅、白蒟蒻各1片、花椰菜
1/2朵、甜豆10根
調味料
鹽1小匙

滷什錦。

材料
大豆乾2塊、麵肚1個、海帶
捲3個、薑3片、辣椒1條、
蛋
調味料
香菇素蠔油半杯、辣豆瓣醬
1小匙、香油1小匙，八角3
至5個、甘草1片

金針湯。

材料
金針50克、金針菇50克、木
耳20克、素羊肉50克
調味料
鹽1小匙、香油1小匙

▶ 蒟蒻花椰菜

作法

1. 在電鍋的外鍋中放入量杯刻度2的水。
2. 花椰菜去老梗，切成小朵，甜豆去老梗，紅、白蒟蒻切片，放入內鍋中。
3. 鹽先以半碗熱水拌勻，加入蒟蒻、花椰菜中並拌勻，移入電鍋中，蓋上鍋蓋，按下開關直到開關跳起，打開鍋蓋取出。

主廚小叮嚀

以電鍋料理綠色蔬菜時外鍋的水不須放太多，且開關跳起要馬上打開鍋蓋取出，否則容易變黃。

▶ 滷什錦

作法

1. 在電鍋的外鍋中放入半杯水；內鍋盛裝半鍋熱水。
2. 將香菇素蠔油半杯、辣豆瓣醬與內鍋的熱水調勻，將大豆乾、麵肚、海帶捲、薑、辣椒、乾草、八角放入內鍋中，移入電鍋中，蓋上鍋蓋，按下開關直到開關跳起，先不要立刻取出，讓它繼續保溫一個晚上。
3. 待其食物入味再取出，切片排盤後淋上香油。

主廚小叮嚀

料理滷味火候掌控最重要，所以電鍋的外鍋中只放入半杯水，用意是不必滾太久，但是要燜久一點，所以可利用早上上班前烹調，下班就可以品嚐了，或晚上睡前烹調，第二天早上就有香噴噴的滷味可享用。滷料可依個人喜好添加！

▶ 金針湯

作法

1. 在電鍋的外鍋中放入半杯水。
2. 木耳切絲，與金針、金針菇、素羊肉一起放入內鍋中，加入適量的熱開水，移入電鍋中，蓋上鍋蓋，按下開關直到開關跳起，取出調味，放入香菜拌勻。

主廚小叮嚀

料理此道菜時若以熱開水放入內鍋，煮出的湯頭較好喝，又節省時間。

千層素干貝

四神湯是由淮山、蓮子、茯苓、芡實組合
而成，不但可增進食欲，還具補脾、健
胃、止瀉的效用。而四神湯的由來，是因
為淮山、蓮子、茯苓、芡實四味藥材，在
中藥中稱為「四臣子」，閩南語發音一轉
換就變為四神了。

牛蒡，為二年生草本根莖類蔬菜，不但可油炸、醃漬及炒煮食
用，還可作為藥膳。且食用的根部富含高單位的鈣、磷、鐵、維
他命B、維他命C等營養成分及高量的纖維質和菊糖（inulin），
為一種含特殊成分的天然食物，而偶爾來道蜜汁牛蒡，不但開
胃，還能吃出牛蒡的酸甜好滋味。

四神湯

蜜汁牛蒡

蜜汁牛蒡。

◀ 材料
牛蒡1支、黑、白芝麻各10
克
調味料
蜂蜜1/3杯、白醋1/3杯

千層素干貝。

◀ 材料
半圓皮10張、棉布
（30×30）1塊、棉繩60㎝
1條、保鮮膜（30×30）1
塊、牙籤1支
調味料
醬油1/4杯、米酒1/4杯、香
油1/4杯、糖1/4杯、肉桂粉
半小匙、胡椒粉半小匙

四神湯。

◀ 材料
蓮子50克、茯苓30克、紅薏
仁30克、山藥30克、胡椒粒
10克、素玫瑰螺肉100克
調味料
鹽1小匙

▶蜜汁牛蒡

作法

1. 在電鍋的外鍋中放入半杯水。

2. 牛蒡去皮、刨絲,浸泡白醋水一下,取出後再置入內鍋中,加入適量熱開水,移入電鍋中,蓋上鍋蓋,按下開關直到開關跳起,取出濾乾水分,加入黑、白芝麻,再以蜂蜜調味並拌勻。

主廚小叮嚀

牛蒡絲浸泡白醋水後就不易變黑,看起來漂亮又可增加風味,但不要浸泡太久,否則營養會流失。

▶千層素干貝

作法

1. 在電鍋的外鍋中放入1杯水。

2. 半圓皮10張,留1張不要切,9張切絲,取大碗盆放入半圓皮絲,加入醬油、米酒、香油、糖、肉桂粉、胡椒粉一起拌勻,浸泡1小時。

3. 放上1張沒切的半圓皮鋪平,放入醃好半圓皮絲,先以未切的半圓皮包捲成長圓條型;再以棉布包裹,以綿繩綑綁緊實,置於蒸盤上再移入電鍋中,蓋上鍋蓋,按下開關直到開關跳起,取出待涼,切片。

主廚小叮嚀

醃半圓皮絲時要翻動幾次才能完全讓豆皮絲吸入醬汁,再以棉布包裹,以綿繩綑綁緊實,作出的千層素干貝不僅口感好,外型也好看。這是老前輩早期自己製作的手工菜,此項手藝將要失傳了,我在此寫下來,希望把傳統美味可口手工菜傳承下來。素干貝的製作方式可參考P.73的步驟說明。

▶四神湯

作法

1. 在電鍋的外鍋中放入1杯水。

2. 蓮子、茯苓、紅薏、山藥、胡椒粒、素玫瑰螺肉、胡椒粒(以小布包裝)一起置入內鍋中,再加入適量熱開水,移入電鍋中,蓋上鍋蓋,按下開關直到開關跳起,取出加鹽調味。

主廚小叮嚀

四神、胡椒粒可到中藥店購買,可請店家將胡椒粒另外以小布包裝起來。四神湯加胡椒粒口感好,可暖胃,胃弱的人不易脹氣。素玫瑰螺肉在素料店可購得。

清蒸高麗菜卷
作法圖解

在高菜麗心的四周各劃一刀。

取出高麗菜心。

高麗菜先倒著入鍋汆燙。

汆燙時高麗菜會自然地一片一片剝落。

再翻正汆燙。

兩邊往內摺起。

撈起放入碗中。

由內往外捲起。

高麗菜舖平放入三絲。

封口處抹上乾太白粉後全部捲起。

由內方拉起蓋住三絲，稍為往後拉
一下，內餡才會緊實。

高麗菜卷完成圖。

紹興酒糖心蛋
作法圖解

擺好有機雞蛋。

開關跳起後，馬上泡入冷水中，泡冷。

廚房紙巾沾濕。

剝殼時將兩顆相碰，輕輕地把殼剝掉。

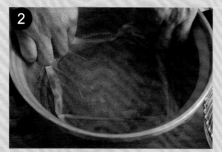

放入電鍋的外鍋內。

剝完殼的有機蛋放入紹興酒中浸泡。

素香腸
作法圖解

半圓皮、麵腸、荸薺、紅麴、麵粉、
胡椒粉、肉桂粉、米酒等材料。

麵腸以手剝皮。

加入紅麴。

麵腸皮先和紅麴拌勻。

73

再加入荸薺、麵粉等其他調味料。

兩邊往內摺起。

一起攪拌均勻呈稠狀。

捲成整條筒狀。

半圓皮攤平放入調好味的麵腸皮，
將紅麴麵糊把半圓皮都塗滿。

完成圖。

由內往外包捲，然後輕輕地往後拉，
以手輕輕的捏整，使之緊實。

放入電鍋蒸熟。

千層素干貝
作法圖解

半圓皮切絲，醬油、米酒、香油、糖、肉桂粉、胡椒粉。

將所有調味料加入半圓皮絲內，攪拌均勻。

停放一小時，讓半圓皮完全吸收醬汁。

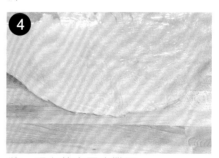

將一張完整半圓皮攤平。

75

將收汁的半圓皮絲放入。

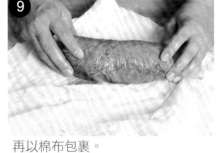

再以棉布包裹。

由內往外捲起,稍微往後拉一下,然後輕輕的將半圓皮絲壓緊實。

棉布包裹要緊密。

兩邊往內摺,再全部捲起。

輕輕地壓。

完成圖。

包捲成長形筒狀。

以棉繩綁起來，第一圈不可太緊，微鬆即可。

第二圈開始用力綁緊。

最後繩尾塞入繩節內。

綑綁完成。

放入電鍋蒸。

取下棉布成品圖。

待涼將千層干貝切片。

養生豆漿
讓你喝出好健康

豆漿性質平和，
具補虛潤燥、清肺化痰的功效，
含有大豆蛋白質、豐富的不飽和脂肪酸、
大豆卵磷脂、大豆異黃酮、維生素、
礦物質……多種有益身體健康的好物質。
自製好喝又健康的豆漿，讓你多喝多美麗！

SMART LIVING 養身健康觀48

愛上豆漿機 暢銷新裝版

作者：養沛文化編輯部
定價：280元
規格：17×23公分・160頁・彩色

Fresh Juice Everyday

每天一杯蔬果汁，

可以預防疾病、養顏美容、排除毒素、健康瘦身，

對抗疾病最重要就是擁有「免疫力」，

喝「蔬果汁」是最健康、自然、快速提升免疫力的方法，

大量的抗氧化物質，更可以幫助體內代謝順暢，

增強細胞的防禦力及抵抗力。

SMART LIVING養身健康觀50

愛喝手作新鮮蔬果汁 (暢銷新裝版)

作者：于智華
定價：250元
規格：17 X 23公分．160頁．彩色

國家圖書館出版品預行編目(CIP.)資料

這一餐一鍋搞定-60道無油煙的素食店鍋菜 / 吳寶釧
著. – 二版一刷. -- 新北市：養沛文化館, 2014.06　面
；　公分. -- (自然食趣；15)
ISBN 978-986-6247-98-9 (平裝)

1.素食食譜
427.31　　　　　　　　　　　　　　　　　103007540

【自然食趣】15

這一餐一鍋搞定(暢銷新版)──60道無油煙的素食電鍋菜

作　　　　者／吳寶釧
發　行　　人／詹慶和
總　編　　輯／蔡麗玲
執 行 編 輯／白宜平
編　　　　輯／蔡毓玲・劉蕙寧・黃璟安・陳姿伶・李佳穎
執 行 美 術／李盈儀
美 術 編 輯／陳麗娜・周盈汝
攝　　　　影／王耀賢
出　版　　者／養沛文化館
郵政劃撥帳號／18225950
戶　　　　名／雅書堂文化事業有限公司
地　　　　址／新北市板橋區板新路 206 號 3 樓
電 子 信 箱／elegant.books@msa.hinet.net
電　　　　話／(02)8952-4078
傳　　　　真／(02)8952-4084

2014 年 06 月二版一刷 定價 250 元

總經銷／朝日文化事業有限公司
進退貨地址／新北市中和區橋安街 15 巷 1 號 7 樓
電話／（02）2249-7714
傳真／（02）2249-8715
星馬地區總代理：諾文文化事業私人有限公司
新加坡／ Novum Organum P.ublishing House (P.te) Ltd.
20 Old Toh Tuck Road, SingaP.ore 597655.
TEL： 65-6462-6141 FAX：65-6469-4043
馬來西亞／ Novum Organum P.ublishing House (M) Sdn. Bhd.
No. 8, Jalan 7/118B, Desa Tun Razak, 56000 Kuala LumP.ur,
Malaysia
TEL：603-9179-6333 FAX：603-9179-6060

electric rice cooker

electric rice cooker